天才豆

恐龙星球大探秘

孙 平◎主编

白垩纪 1

中国人口出版社
China Population Publishing House
全国百佳出版单位

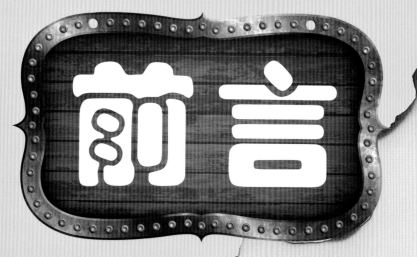

前言

它们在2.3亿年前横空出世，为成长中的地球增添了勃勃生机，可是，却在6500万年前神秘地灭绝；

它们有的是身长五十多米的庞然大物，有的是只有几十厘米的小矮子，它们的近亲有的能上天，有的能入水；

它们有的是温文尔雅的"绅士"，有的是冷酷嗜血的杀手，有的爱子如命，有的却对孩子不管不顾；

它们频繁出现于电影、电视中，更是科幻片的宠儿。

如果要评选地球历史上最神秘、最奇特、最受人关注的生物，它们无疑会荣　此殊荣。它们是谁？它们，就是我们既熟悉又陌生的恐龙。

恐龙的出现绝对是影响地球发展进程

的大事件，即使灭绝超过6500万年，也时时牵动着好奇者的心弦。恐龙都有哪些种类？恐龙是怎么灭绝的？是霸王龙厉害，还是棘龙厉害？和恐龙生活在同一时代的动物又有哪些呢？

为了满足大家的好奇心，我们精心编写了这套《恐龙星球大探秘》，用简洁明了的语言和精美绝伦的图片，把人们对于恐龙的疑问一一解答。为了更全面地呈现远古时代地球生命的热闹景象，我们也把与恐龙同时代的爬行动物，如沧龙、鸟等列入其中。

我们衷心希望本套丛书能够带领大家走近恐龙，认识恐龙，和恐龙成为朋友。

编者

2017年1月

目 录

恐爪龙

姓　　名：恐爪龙
职　　业：肉食性恐龙
魅力指数：☆☆☆☆
怪异指数：☆☆☆
外形风格：生龙活虎型
最佳看点：疾跑如风、结伴
而行，爪如镰刀。

 形态特征

　　恐爪龙是一种异常凶猛的小型肉食性恐龙，生活在
1.15～1.08亿年前的白垩纪早期。它体长约3.5米，重
约73千克，颌部非常强壮，牙齿弯曲锋利，后肢的第
二趾上长着12厘米长、呈镰刀状的利爪。

栖息环境

　　恐爪龙主要生活在极为宽广的河滩或沼泽地带，通常以植食性恐龙为食，也会以鱼类为食。

肤色猜想

　　古生物学家猜想，恐爪龙皮肤的颜色可能是沙黄色，上面长着斑纹，就像现代的老虎一样。这样的肤色可以使恐爪龙隐蔽在黄色的植被中，伺机攻击猎物。

化石发现

　　第一具恐爪龙化石是1931年在美国的蒙大拿州发现的，但因其陷在石灰岩中，因此，人们并没有将它挖掘出来。

奔跑如风

恐爪龙用两足行走，行走时会将第二趾收起来，避免磨损。恐爪龙奔跑速度很快，这多亏了它那条已经骨化的坚硬的大尾巴。当恐爪龙快速奔跑时，它既是推进器，又是平衡器。

恐龙中的恶霸

恐爪龙嘴里长着尖牙，前肢有可以弯曲的爪子。捕猎时，用前肢抓捕猎物，用后肢将猎物撕开。恐爪龙成群捕猎，行动敏捷，能捕到比自己大好多倍的植食性恐龙。

禽龙

姓　　名:	禽龙
职　　业:	植食性恐龙
魅力指数:	☆☆☆
怪异指数:	☆☆
外形风格:	忠厚老实型
最佳看点:	身材高大，后肢爪子像马蹄，前肢爪子有"大拇指"状尖刺。

形态特征

　　禽龙是白垩纪早期的一种大型植食性恐龙，也是人们发现的第一种恐龙。它身长可达10米，长着角质的喙，尾部粗壮。禽龙的四肢形状很有趣，前肢拇趾上有一尖刺，看起来就像竖起了"大拇指"。中间三趾则长着蹄形爪子，用来行走。后肢上的爪子像马蹄，又圆又钝。

生活习性

　　庞大的禽龙主要以后肢行走，偶尔会四脚着地前进，行动比较缓慢。它们喜欢成群结队地生活，一起寻找蕨类、苏铁科植物，用喙嘴咬下植物，再用颊囊的颊齿咀嚼。

　　当禽龙遇到危险时，就会用尖锐的趾爪刺伤敌人，保护自己。

龙王龙

姓　　名：龙王龙
职　　业：植食性恐龙
魅力指数：☆☆☆
怪异指数：☆☆☆☆
外形风格：生龙活虎型
最佳看点：头上长着钉状小角和肿块，上颚孔出奇的大。

形态特征

　　龙王龙是一种植食性恐龙，生存于白垩纪早期，长3～4米，样子很像冥河龙。但是，它的颅骨上长着钉状犄角和肿块似的冠顶，口鼻也很长，最显著的特征是拥有一对大而张开的上颞孔。

登上银屏

　　在英国著名的科幻电视剧《远古入侵》中，编剧特意安排一只龙王龙穿越时空，来到了中世纪的英格兰，与一位骑士大战了一场，赚足了观众的眼球。

棱齿龙

姓　　名：棱齿龙
职　　业：植食性恐龙
魅力指数：☆☆☆
怪异指数：☆☆
外形风格：生龙活虎型
最佳看点：群居，眼大，长着喙状嘴和三角形牙齿。

形态特征

棱齿龙生活在白垩纪早期，与瞪羚很像，是一种小型的植食性恐龙。它长约2米，头部较小，眼睛很大，四肢修长，喙状嘴狭长锐利。

仍具原始特征

　　尽管棱齿龙生存于恐龙时代最后一期白垩纪，但它仍拥有许多原始特征，如前肢仍有5趾，后肢具有4趾，喙状嘴颌部前方拥有三角形牙齿。

生活习性

　　棱齿龙成群生活在一起，以低矮的植物为食。它用喙状嘴咬食植物的枝叶，再用上下颌的棱状牙齿组成的咀嚼面细嚼。

　　棱齿龙是非常机警的恐龙，敏锐的双眼可以及时发现敌情。一旦发现敌人，没有任何武器的它们只能逃跑。不过，它们的奔跑速度非常快，还能像羚羊一样躲闪和迂回奔跑。

帝龙

姓　　名：帝龙
职　　业：肉食性恐龙
魅力指数：☆☆☆
怪异指数：☆☆☆
外形风格：生龙活虎型
最佳看点：长着羽毛的恐龙。

形态特征

　　帝龙是一种小型的暴龙类恐龙，生活在白垩纪早期。它只有1.5米长，下颌和尾部有原始的羽毛。这些羽毛与现代鸟类的不同，它们的作用是保暖，而不是飞行。

小盗龙

姓　　名：小盗龙
职　　业：肉食性恐龙
魅力指数：☆☆☆
怪异指数：☆☆☆
外形风格：生龙活虎型
最佳看点：身披羽毛，会滑翔，凶猛异常。

形态特征

　　小盗龙是生活在白垩纪早期的小型恐龙，体长不到1米，身体覆盖着厚厚的羽毛，尾巴末端有一把"羽毛扇"。小盗龙的前肢和后肢变成了翼状，因为也长着羽毛，所以又被称为"四翼恐龙"。

彩虹光泽

　　古生物学家一项最新的研究显示，小盗龙不但周身长着羽毛，而且在阳光的照射下，这些羽毛还会发出黑色和蓝色的光芒。也就是说，小盗龙是最早出现彩虹光泽的恐龙。

生活习性

　　小盗龙的后肢羽毛长，不适合在地面活动，古生物学家推测它是生活在树上的滑翔动物。它会从较高的树上滑翔到临近的树枝，这种滑翔正是拍打翅膀飞行的基础。

　　小盗龙虽然身体娇小，却是一种凶猛的肉食性恐龙。它用锋利的爪子和牙齿捕食鱼类、鸟类和小型哺乳类动物。

河神龙

姓　　名:	河神龙	
职　　业:	植食性恐龙	
魅力指数:	☆☆☆	
怪异指数:	☆☆☆☆☆	
外形风格:	孔武有力型	
最佳看点:	长角、长喙,	
鼻部隆起。		

形态特征

　　河神龙生存于白垩纪早期，长约6米，鼻部隆起，长着类似鹦鹉嘴的角质喙，颈盾上长着两只长角。

不一般的属名

　　和其他角龙不同，河神龙的鼻子上没有鼻角，取而代之的是一块隆起，就像鼻角被拔掉一样，因此，人们突发奇想，将它的属名命名为阿克洛奥斯。在古希腊神话中，河神阿克洛奥斯在和英雄海格力斯的搏斗中，不幸被割断了一只角。

鹦鹉嘴龙

姓　　名：鹦鹉嘴龙
职　　业：植食性恐龙
魅力指数：☆☆
怪异指数：☆☆☆
外形风格：生龙活虎型
最佳看点：三角龙的近亲，长着鹦鹉般的喙嘴。

形态特征

　　鹦鹉嘴龙是一种两足行走的小型植食性恐龙，和三角龙是近亲，人们发现的化石数量很多。它生存于白垩纪早期，身长约2米，头部较短，喙状嘴弯曲锋利，很像现代鹦鹉的嘴巴。

生活习性

  鹦鹉嘴龙生活在湖沼和河岸，用锐利的角质喙切断柔嫩多汁的植物进食。与同时代的大部分动物相比，它的生长速度很快。但因为没有防御敌人的武器，仅生存了较短的时间，就退出了历史舞台。

古角龙

姓　　名：古角龙
职　　业：植食性恐龙
魅力指数：☆☆
怪异指数：☆☆☆
外形风格：生龙活虎型
最佳看点：小颈盾，无角，长着鹦鹉般的喙嘴。

形态特征

　　古角龙是一种小型植食性恐龙，生存于白垩纪晚期，长约1米，嘴部呈鹦鹉喙状，颈盾小，无角。以蕨类、苏铁科和松科植物为食。

似鳄龙

姓　　名：似鳄龙
职　　业：肉食性恐龙
魅力指数：☆☆☆
怪异指数：☆☆☆
外形风格：勇猛霸道型
最佳看点：高大、威武，嘴巴和鼻子与鳄鱼的很像。

形态特征

似鳄龙是一种巨大而强壮的肉食性恐龙，长约12米，重约7吨，生存于白垩纪中期，它的口鼻部狭长扁平，颌部约有100颗牙齿，和鳄鱼非常相像。

似鳄龙的前肢拇趾长有镰刀状趾爪，而作为棘龙科恐龙，它的背部可能有一个帆状物或背脊。

生活习性

　　似鳄龙生活在非洲的撒哈拉地区，当时那里还是一个水分充足的沼泽地带。似鳄龙，因为它们的头部骨骼相对脆弱，无法捕食大型的猎物，以所它们以鱼类为食，它们细长弯曲的牙齿能咬住身体光滑的鱼类。

酷似重爪龙

　　如果将似鳄龙与重爪龙放在一起，会发现它们非常相似。除背脊外，都长有镰刀状趾爪。那么，它们之间有什么关系呢？有的古生物学家由似鳄龙的体形大于重爪龙，猜测重爪龙可能是似鳄龙的未成年体。

腱龙

姓　　名：腱龙
职　　业：植食性恐龙
魅力指数：☆☆☆
怪异指数：☆☆☆
外形风格：忠厚老实型
最佳看点：身材高大，肌腱发达，尾巴又粗又长。

形态特征

　　腱龙生活在白垩纪早期，是一种中大型的植食性恐龙。腱龙体长7~10米，如同它的名字，腱龙肌腱发达，尾巴又粗又长，长着趾爪。

生活习性

　　目前，古生物学家只发现了腱龙的前肢化石，因此，关于腱龙的很多详细信息还无从知晓。古生物学家推测，腱龙是一种性情温顺的恐龙，受到霸王龙等肉食性恐龙的袭击时，会用带趾爪的后肢踢打它们，或把尾巴当作鞭子进行防卫。

阿根廷龙

姓　　名：阿根廷龙
职　　业：植食性恐龙
魅力指数：☆☆☆
怪异指数：☆☆☆
外形风格：高大威武型
最佳看点：身高体长，头小
脖长。

形态特征

　　阿根廷龙是已知最大的蜥脚类恐龙，生活在白垩纪中晚期，因化石在阿根廷被发现而得名。庞大的阿根廷龙体长在30米以上，头部很小，脖子很长，四肢如四根巨大的柱子。

也有劲敌

　　大多数掠食者都拿阿根廷龙铜墙铁壁一样的身躯没有办法，在很长一段时间里，古生物学家一直认为阿根廷龙是没有天敌的。后来，古生物学家发现巨大的肉食性恐龙——南方巨兽龙就是以阿根廷龙为食的。尽管南方巨兽龙的体形比阿根廷龙小，但它们会成群围攻年老或体弱的阿根廷龙，且屡屡得手。

幸存者

　　侏罗纪是大型蜥脚类恐龙的天下，但到了白垩纪初期，地球气候比侏罗纪冷了很多，因此，很多大型蜥脚类恐龙都灭绝了。当时，阿根廷龙生活的南美洲正好漂移到赤道附近，它们幸运地存活下来，身体也进化得更加庞大。

双角龙

形态特征

双角龙是一种大型植食性恐龙，生存于白垩纪早期，长约9米，长着带孔洞的颈盾。嘴巴呈鹦鹉喙状，鼻端隆起，枕骨上有两只弧度很小的额角。

姓　　名：双角龙
职　　业：植食性恐龙
魅力指数：☆☆☆
怪异指数：☆☆☆
外形风格：孔武有力型
最佳看点：头生双角，长有颈盾，嘴巴很像鹦鹉。

爱吃植物

　　和其他角龙类恐龙一样，双角龙也爱吃植物，尤其爱吃蕨类、苏铁和针叶植物。

南方巨兽龙

姓　　名: 南方巨兽龙
职　　业: 肉食性恐龙
魅力指数: ☆☆☆☆
怪异指数: ☆☆☆
外形风格: 勇猛霸道型
最佳看点: 高大健壮，牙齿锋利。

形态特征

　　南方巨兽龙又叫巨兽龙，是脑袋最大的恐龙，体长约13.5米，生存于白垩纪中期。南方巨兽龙骨骼强健，肌肉发达，嘴里布满锋利的牙齿，前肢短小，后肢粗壮，尾巴又细又长。

智力并不低

　　作为一种体形庞大的肉食性恐龙，古生物学界一度认为南方巨兽龙的智力比较低。然而，有证据显示，南方巨兽龙的智力并不低。它们群居生活，合作捕猎，有复杂的社会行为，因而大大提高了捕食的效率。

王者大对决

南方巨兽龙与霸王龙都是庞大的肉食性恐龙。南方巨兽龙的体形要比霸王龙大很多，但牙齿没有霸王龙的粗大，如果两者对决，胜负难定。其实，南方巨兽龙与霸王龙并不能相遇，因为它们在生存年代上相隔了3000万年。

生活习性

　　南方巨兽龙依靠两足行走，奔跑速度很快。它通过灵敏的嗅觉发现猎物，并能快速追赶，用锋利的牙齿在猎物身上狠狠地咬一口，猎物随后会因伤口失血过多死亡。

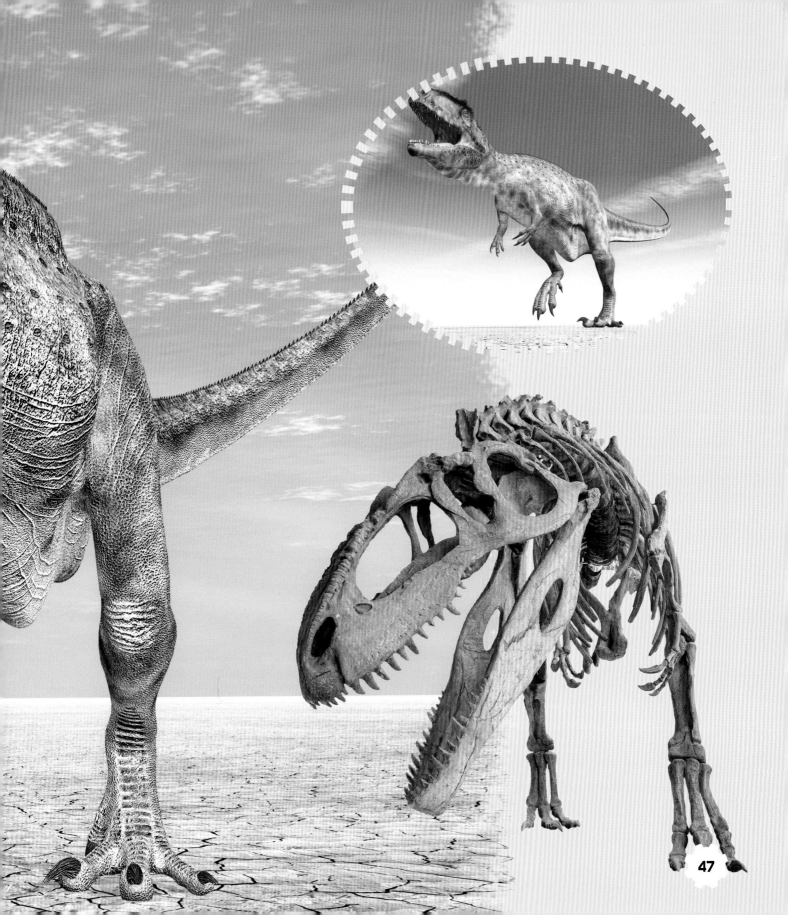

葡萄园龙

姓　　名：葡萄园龙
职　　业：植食性恐龙
魅力指数：☆☆☆
怪异指数：☆☆☆☆
外形风格：高大威武型
最佳看点：身高体长，身披鳞甲。

形态特征

　　葡萄园龙是一种庞大的蜥脚类恐龙，生活于白垩纪晚期的欧洲，因化石在法国奥德省的一处葡萄园发现而得名。它体长可达15米，脖子和尾巴都很长。从鼻端至尾巴处长着不规则的鳞甲，但它们并不是长在皮肤上，而是皮内骨形成的。

独特另类

　　葡萄园龙长着鳞甲，作为一种庞大的恐龙，这是不多见的。大型的蜥脚类恐龙在白垩纪已经慢慢消失了，然而，葡萄园龙是一个例外。这说明在恐龙灭绝之前，仍有大型蜥脚类恐龙。

野牛龙

姓　　名：野牛龙
职　　业：植食性恐龙
魅力指数：☆☆☆
怪异指数：☆☆☆
外形风格：孔武有力型
最佳看点：群居，独特的鼻角前弯。

形态特征

　　野牛龙是一种中型角龙类恐龙，生存于白垩纪前期，身长约6米，重约1吨。除了头盾顶端的两只尖角外，它还长着一只向前弯的鼻角，样子好像一个开瓶器，这是野牛龙成年的标志。

成长迅速

　　古生物学家通过对多具野牛龙化石的研究，发现野牛龙出生后成长很快，3～5岁后，成长速度才放缓。

生活习性

　　野牛龙生活于温暖、半干燥的环境中，用它的喙状嘴咬碎蕨类、苏铁等粗大的植物。受到敌人攻击时，野牛龙会用头盾上的尖角进行还击。

　　古生物学家曾发现上百具堆积在一起的野牛龙骨化石，这证实它们过着群居生活，化石应该是数十只野牛龙遭受洪水等自然灾害死后形成的。

食肉牛龙

姓　　名：食肉牛龙

职　　业：肉食性恐龙

魅力指数：☆☆☆

怪异指数：☆☆☆☆

外形风格：勇猛霸道型

最佳看点：眼睛上方有角，奔跑极快。

形态特征

　　食肉牛龙是一种中型肉食性恐龙，生活在白垩纪晚期。它长约8米，重约1.5吨，头部小而厚实，前肢极其短小，后肢健壮，最显著的特征是眼睛上方长着一对奇怪的凸起物，如同公牛的角一样。

奇特的"牛角"

食肉牛龙的两只短而粗壮的角位于额头上，这有利于头部承受和对手撞角一类的冲击，或来自水平方向的碰撞。

最快的捕食者

食肉牛龙长着强壮有力的后肢，行动敏捷，奔跑速度可达55千米/小时，或许是恐龙世界中奔跑最快的捕食者之一。食肉牛龙的疾速奔跑多亏了矫健的长尾巴保持平衡。

捕猎时，敏捷的食肉牛龙常常在猎物还没来得及反应的时候，就以迅雷不及掩耳之势扑过去，用致命的利齿将猎物撕烂、吞下。

慈母龙

姓　　名：慈母龙
职　　业：植食性恐龙
魅力指数：☆☆☆
怪异指数：☆☆☆
外形风格：忠厚老实型
最佳看点：鸭状嘴，头生冠饰。

形态特征

　　慈母龙是典型的鸭嘴龙类恐龙，生存于白垩纪晚期，长约9米，重约4吨，长着一张鸭子一样的嘴，嘴的两边排列着数百颗牙齿。后肢长于前肢，眼睛前方有小型尖状冠饰，在求偶季节打斗时使用。

好妈妈

  古生物学家从小慈母龙的化石推测，它们的妈妈是慈爱的母亲。慈母龙会精心选择做窝的地点，生完蛋后会非常细心地在旁边守护。

  刚孵化出的慈母龙非常小，每天都要吃掉几百斤的植物，它们的父母不辞辛劳地照顾这些小家伙。

生活习性

  慈母龙既可以用两足行走，也可以用四足行走。它没有防御敌人的强大武器，所以选择群体生活。慈母龙大家庭在森林里四处活动，找寻植物的果实和种子来填饱肚子。

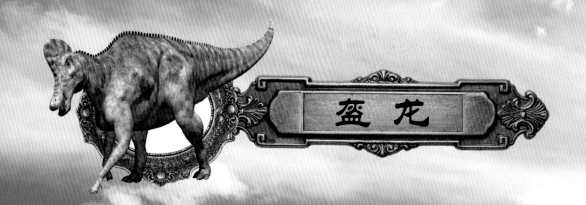

盔 龙

姓　　名：盔龙
职　　业：植食性恐龙
魅力指数：☆☆☆
怪异指数：☆☆☆
外形风格：忠厚老实型
最佳看点：鸭状嘴，头部生
有头冠，两颊能发声。

形态特征

　　盔龙是生活在白垩纪晚期的一种大型植食性恐龙。它长约10米，重约3.5吨，头部有高高耸起的骨质头冠，很像戴着一顶头盔。作为鸭嘴龙类恐龙的一种，它的嘴同样是鸭嘴状，嘴后部有几百颗交错排列的小牙齿。

发出声音的皮囊

　　盔龙的双颊长有皮囊，能够鼓成球状，发出声音。盔龙就是用这种方式传递警报或吸引异性的。

各式各样的"头盔"

　　不同年龄和性别的盔龙，头上的头冠各不相同。一般来说，年幼和雌性盔龙的头冠较小，成年和雄性盔龙的头冠较大。古生物学家猜测，它们常常把头盔变换成各种鲜艳的色彩来吸引异性，还可以用来吓唬敌人。

副栉龙

姓　　名：副栉龙
职　　业：植食性恐龙
魅力指数：☆☆☆
怪异指数：☆☆☆☆
外形风格：高大威武型
最佳看点：身材高大，长着鸭状嘴，头部长着超长的头冠。

形态特征

　　副栉龙是鸭嘴龙类恐龙，长约9米，重约2.5吨，生存于白垩纪晚期，扁平宽大的嘴里长着数百颗牙齿，它们还长着一个高而长的头冠，可达1.8米，是头冠最长的恐龙。

生活习性

副栉龙群居生活，既可以四足行走，也可以两足行走。它在寻找食物时采用四足行走，而在奔跑时采用两足行走。

副栉龙以离地面较高的植物为食，因为嘴巴前部没有牙齿，它用坚硬的喙状嘴切断植物，送入颊部，只用少部分的牙齿咀嚼，以减少磨损。在进食的过程中，它非常警觉，一旦发现敌情，便迅速逃走。

独特的功能

副栉龙奇特的头冠有很多作用，可以用来辨别同伴和异性，还可以作为沟通用的扬声器，甚至还可以调节体温。

肿头龙

形态特征

肿头龙也叫厚头龙，是生活在白垩纪晚期的植食性恐龙。它长约5米，头顶好像被打肿了一样，形成一个大鼓包，头上还长着小凸起和带钉头的犄角，真是丑恐龙。

姓　　名：肿头龙
职　　业：植食性恐龙
魅力指数：☆☆☆
怪异指数：☆☆☆☆
外形风格：孔武有力型
最佳看点：头顶鼓起，周围长有犄角和凸起。

撞撞撞

肿头龙嗅觉灵敏，视觉敏锐。它的头骨隆起，分布着能调节体温的血管，所以在遇到敌人时，它只用脑袋的侧面去碰撞，而不是高高的头饰。

伶盗龙

姓　　名：伶盗龙
职　　业：肉食性恐龙
魅力指数：☆☆☆☆
怪异指数：☆☆☆
外形风格：生龙活虎型
最佳看点：智力超常，奔跑如飞，爪如镰刀。

形态特征

　　伶盗龙又译为迅猛龙、速龙，是生活在白垩纪晚期的凶猛肉食性恐龙，长约2米，重约20千克，头部狭长，四肢细长并长有利爪，其中后肢第二趾长着镰刀形的利爪，尾骨呈S形弯曲。

温血动物

　　古生物学家根据伶盗龙的祖先长有羽毛的特点，推断伶盗龙也长有羽毛。而羽毛可以用来隔离热量，古生物学家又据此推断伶盗龙可能是温血动物，捕猎时会消耗大量的能量。

善于奔跑

　　伶盗龙身体轻盈，后肢强健有力，再加上虽不灵活，但在水平方向有保持身体平衡的长尾巴，因此，它们的奔跑速度极快，是恐龙王国奔跑最快的恐龙之一。

绝杀技

伶盗龙是一种非常聪明的恐龙。它高超的捕杀技术和卓越的协作能力，都显示出了非常高的智商。

在捕食似鸡龙时，伶盗龙会组成U形阵或梅花阵。接近猎物后，它们先用前肢的利爪钩住猎物，再用镰刀状的趾爪扎进猎物的喉咙或腹部，使其丧失抵抗能力，最终成为自己的美餐。

匈牙利龙

姓　　名：匈牙利龙
职　　业：植食性恐龙
魅力指数：☆☆
怪异指数：☆☆☆
外形风格：孔武有力型
最佳看点：背生骨甲、棘刺。

形态特征

　　匈牙利龙因化石发现于匈牙利西部的包科尼山脉而得名，生存于白垩纪前期。这是一种长约4米的植食性恐龙，背上长着令肉食性恐龙头疼的骨甲和棘刺。

骨头很多

匈牙利龙的骨骼化石残缺不全，只剩下450块骨头，即使这样，仍然比我们人类多出244块骨头。

形态特征

　　霸王龙也叫暴龙，是一种著名的巨型食肉恐龙，生存于白垩纪晚期。它体长约12米，体重最大约15吨，头部非常大，牙齿异常尖锐，前肢极其短小，后肢强壮有力，是当时最厉害、最凶猛的食肉恐龙。

姓　　名：霸王龙
职　　业：肉食性恐龙
魅力指数：☆☆☆☆☆
怪异指数：☆☆
外形风格：勇猛霸道型
最佳看点：身材高大，肌肉发达，尖牙利爪，恐龙霸主。

短小的前肢

　　霸王龙的前肢又短又小，连自己的嘴都够不到，似乎没什么用。不过，古生物学家猜想当霸王龙伏在地上时，会用它们把身体支撑起来，或者在捕猎的时候控制住挣扎的猎物。

顶级猎手

　　霸王龙主要捕食大中型恐龙，有时也吃腐肉。粗大的头部使它具有极大的咬合力，巨大的锯齿状牙齿可以轻易咬碎一般恐龙的骨头。

奔跑速度

霸王龙虽然凶猛残暴，奔跑的速度却很慢，约有29千米／小时。因此，被霸王龙追赶的恐龙只要跑得足够快，就能逃走。

亚伯达角龙

姓　　名：亚伯达角龙
职　　业：植食性恐龙
魅力指数：☆☆
怪异指数：☆☆☆☆
外形风格：孔武有力型
最佳看点：长有额角、钩角
和盾角。

形态特征

　　亚伯达角龙是尖角龙的一种，生存于白垩纪晚期，嘴巴呈鹦鹉喙状，长有额角和颈盾，颈盾正上方有两只大型钩角，周围长着一圈小角，鼻部上方长着骨质棱脊。以植物为食。

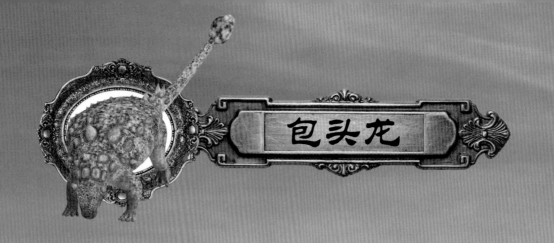

包头龙

姓　　名：包头龙
职　　业：植食性恐龙
魅力指数：☆☆☆
怪异指数：☆☆☆☆
外形风格：孔武有力型
最佳看点：身上布满骨板，长有尾锤。

形态特征

　　包头龙是最著名的甲龙类恐龙之一，生存于白垩纪晚期。它长约6米，重约2吨，不但身上披着"铠甲"，连眼睑上也都长着甲板，尾端还有一个重重的尾锤。此外，包头龙的四肢短小，长着一张喙状嘴。

有趣的自保法

包头龙遇到敌人时，会用沉重的尾锤进行防卫。如果实在打不过敌人，它就用四肢牢牢地抠住地面，一动不动。面对包头龙一身的铠甲，敌人无处下口，只能无奈离开。

生活习性

包头龙用喙状嘴和小小的牙齿啃食低矮的蕨类植物，还能依靠灵敏的嗅觉找食浅土里的植物根茎。它的胃十分复杂，可以很好地消化食物。

包头龙虽然长相恐怖，却是一种温和的恐龙，只有受到攻击时才会挥动大尾锤。成年包头龙大都单独生活，幼年包头龙为了安全，一般成群结队地生活在一起。

三角龙

姓　　名：三角龙

职　　业：植食性恐龙

魅力指数：☆☆☆☆

怪异指数：☆☆☆

外形风格：孔武有力型

最佳看点：群居，身材高大，头上长着三只角。

形态特征

壮硕的三角龙是最巨大的角龙类恐龙，出现较晚，是白垩纪晚期的代表性恐龙之一。它长7.9~10米，长着巨大的骨质颈盾和尖角，其中鼻子上方有一只短角，眼睛上方长着两只长达1米的角。

生活习性

三角龙过着群居生活，一起寻找食物和防御肉食性恐龙的袭击。它们主要以地面或低处的蕨类、苏铁等植物为食，用喙状嘴和剪刀样的牙齿将植物咬断、切碎。

外拙内秀

三角龙看起来似乎骁勇善战，奔跑起来也很快，但它却是很温顺的植食性恐龙，很少主动攻击其他动物。

对阵霸王龙

三角龙具有很强的防御能力和攻击能力。遇到霸王龙时，三角龙的颈盾会倒竖起来，同时，它会放低头部，伏下身体，将长长的角朝向霸王龙，准备进行一场殊死搏斗。面对这种情形，霸王龙即使取胜，也要付出很大的代价。

玛君龙

姓　　名：玛君龙
职　　业：肉食性恐龙
魅力指数：☆☆☆
怪异指数：☆☆☆
外形风格：勇猛霸道型
最佳看点：身材高大，头顶
有圆角。

形态特征

　　玛君龙又称玛君颅龙，是大型肉食性恐龙，生存于白垩纪晚期，长7～11米，口鼻部较短，头顶生有圆形角状物，前肢很短，后肢长且粗壮。

同类相食

　　古生物学家在很多玛君龙的骨头上发现了类似同类的牙齿痕迹，联想到玛君龙是当地已知的唯一大型兽脚类恐龙，由此推断，玛君龙可能是一种同类相残的恐龙。

有趣的呼吸系统

　　古生物学家发现玛君龙的脊椎与肋骨大部分是空的，表明玛君龙的脊椎与肋骨中有气囊存在，这与现代鸟类的肺和气囊呼吸系统相似，这一发现也为鸟类起源于恐龙提供了新的证据。

戟 龙

形态特征

戟龙又称刺盾角龙，是一种角龙类恐龙，生存于白垩纪晚期。它长约5.5米，四肢短小粗壮，尾巴较短，鼻子上长着一只60多厘米长的尖角，眼睛上方各有一只小角，颈盾四周居然也长着4～6只尖角，很像一个兵器架。

姓　　名：戟龙
职　　业：植食性恐龙
魅力指数：☆☆☆
怪异指数：☆☆☆
外形风格：孔武有力型
最佳看点：鼻子上长着长长的尖角。

英勇的武士

　　戟龙长了如此多的尖角利器，既威武又雄壮。戟龙鼻子上的大角可以刺穿进攻的敌人。很多时候，它只需晃一晃满头的尖角，敌人多半就会被吓跑。

生活习性

    戟龙是一种群居性恐龙，多与鸭嘴龙、三角龙、厚鼻龙等植食性恐龙共同生活。在季节变化的时候，它们还会进行大规模的迁徙。

    戟龙的头部距地面较低，可能主要以低矮的植物为食，用狭窄的喙状嘴切割、采食植物的叶子。不过，它们也可能用强健的身体及头角撞倒较高的植物，获取食物。

恐龙家族

湖北鳄　　　　　　水龙兽　　　　　　亚利桑那龙

圆顶龙　　　　　　腕龙　　　　　　　钉状龙

恐爪龙　　　　　　三角龙　　　　　　蜥结龙

恐龙家族

黑瑞龙　　　板龙　　　迅猛鳄　　　撕蛙鳄

单脊龙　　　角鼻龙　　　马门溪龙　　　冰脊龙

霸王龙　　　副栉龙　　　甲龙　　　似鳄龙

恐龙家族

三叠纪

跳龙　　　　　　蓓天翼龙　　　　　　腔骨龙

侏罗纪

双脊龙　　　　　　斑龙　　　　　　异特龙

白垩纪

禽龙　　　　　　龙王龙　　　　　　棱齿龙

恐龙家族

始盗龙　　　　真双齿翼龙　　　　南十字龙　　　　沙尼龙

巨刺龙　　　　梁龙　　　　永川龙　　　　美颌龙

腱龙　　　　伶盗龙　　　　南方巨兽龙　　　　食肉牛龙

图书在版编目（ＣＩＰ）数据

白垩纪.1 / 孙平主编. -- 北京 : 中国人口出版社,
2017.3
　（恐龙星球大探秘)
ISBN 978-7-5101-4975-7

Ⅰ.①白… Ⅱ.①孙… Ⅲ.①恐龙－儿童读物 Ⅳ.
①Q915.864-49

中国版本图书馆CIP数据核字(2017)第033027号

恐龙星球大探秘·白垩纪1

出 版 发 行：中国人口出版社
社　　　长：邱　立
网　　　址：www.rkcbs.net
电 子 信 箱：rkcbs@126.com
总编室电话：（010）83519392
发行部电话：（010）83534662
传　　　真：（010）83518190
地　　　址：北京市西城区广安门南街80号中加大厦
邮　　　编：100054
印　　　刷：济宁华兴印务有限责任公司
开　　　本：730mm×1030mm　　　1/12
印　　　张：8
字　　　数：30千字
版　　　次：2017年3月第1版
印　　　次：2017年3月第1次印刷
书　　　号：ISBN 978-7-5101-4975-7
定　　　价：29.80元